架空输电线路
带电作业图解

项目一

冯振波　郑孝干◎编著

带电更换 220kV 输电线路直线
绝缘子串（地面提升法）

中国电力出版社
CHINA ELECTRIC POWER PRESS

内容提要

本书总结了国网福州供电公司在输电带电作业中积累的经验，以带电"特种兵"的基本功训练和现场实战技法为主线，基于福州地区富有特色的五种典型输电线路带电作业项目，以图片、文字和视频结合的方式介绍了输电线路带电作业的项目管控、项目实施和作业技巧。主要内容有带电更换 220kV 输电线路直线绝缘子串（地面提升法）、220kV 输电线路直线绝缘子带电单串改双串（地面提升法）、带电更换 220kV 输电线路直线绝缘子串金具（自平衡法）、110kV 输电线路耐张绝缘子带电单串改双串（滑车组法）、带电处理 110kV 输电线路导线节点发热（地电位法）。

本书主要面向架空输电线路带电作业相关技术人员，读者可根据情况参考应用。

图书在版编目（CIP）数据

架空输电线路带电作业图解 / 冯振波，郑孝干编著 . —北京：中国电力出版社，2020.12

ISBN 978-7-5198-5021-0

Ⅰ . ①架… Ⅱ . ①冯… ②郑… Ⅲ . ①架空线路—输电线路—带电作业—图解 Ⅳ . ① TM726.3–64

中国版本图书馆 CIP 数据核字（2020）第 186287 号

出版发行：中国电力出版社
地　　址：北京市东城区北京站西街 19 号（邮政编码 100005）
网　　址：http://www.cepp.sgcc.com.cn
责任编辑：杨　卓（010-63412789）
责任校对：黄　蓓　郝军燕
装帧设计：北京宝蕾元科技发展有限责任公司
责任印制：吴　迪

印　　刷：三河市万龙印装有限公司
版　　次：2020 年 12 月第一版
印　　次：2020 年 12 月北京第一次印刷
开　　本：880 毫米 ×1230 毫米　32 开本
印　　张：3
字　　数：60 千字
印　　数：0001–1500 册
定　　价：108.00 元（全六册）

前言

随着电网的建设和发展，带电作业已成为输电设备测试、检修、改造的重要手段，在电力系统的安全可靠运行和效益提升方面发挥了十分重要的作用。我国的带电作业起步于20世纪50年代初，经过几代带电作业人的不懈努力，在带电作业理论研究、工器具研究开发、标准制定和安全管理等方面得到了良好发展。

国网福州供电公司自1959年成立输电带电作业班组以来，在摸索中创新、在实践中突破，已经走过起步发源、摸索试验、规范提升、积累沉淀和创新发展的不同历史阶段，在作业内容的多样化、作业工器具的轻巧化、作业项目的操作难度和广泛程度等方面取得了长足进步。

班组以劳模精神为引领，大力倡导工匠精神，不断加强人才队伍建设，培育输出了多名福建省五一劳动奖章获得者、福建省电力有限公司劳模及工匠和各类专家人才。并且在长期的工作中，班组形成了特色鲜明的创新文化，以"四大创新信条"和"三大创新支撑"指引创新工作，成效显著。班组依托承建的国家级技能大师工作室、国家电网有限公司劳模创新工作室和国网福建省电力有限公司输电带电作业工作室，目前已开展四十多项科技创新项目，获得国家知识产权局授权专利90项，在专业期刊杂志上发表论文9篇。还获得了"国际发明展金奖"及其他科技奖项12

项，"福建省百万职工'五小'创新大赛一等奖"及其他省部级奖励 5 项，"福建省电力有限公司科技进步奖"及其他地市级或行业奖励 20 余项。大批高技能人才的培养和创新成果的应用为福州输电带电作业跨越式发展奠定了坚实的基础。早在 1989 年班组就组织开展 220kV 输电线路带电更换铁塔，2000 年就首次开展了输电线路导线带负荷切断重接、耐张线夹带负荷更换等大型复杂的带电作业项目。

本书总结了国网福州供电公司在输电带电作业中积累的经验，以带电作业"特种兵"的基本功训练和现场实战技法为主线，基于福州地区富有特色的五种典型输电线路带电作业项目，以图片、文字和视频结合的方式介绍了输电线路带电作业的项目管控、项目实施和作业技巧，读者可根据情况参考应用。

本书编写过程中，得到了各方面的大力支持。国网福建省电力有限公司林力辉、蔡金林、吴晓杰、张世炼、王启强、廖成师、董剑峰、曾小平、吴能锦、陈兴宝、陈国信、陈言团、吴健仁、陈永红、曾旺、林财德、蔡江河、康启程、曹祖鹰、廖肇葵、许金应、张锦锋、杨毅豪、杨毅航、陈炜等在编写过程中多次参与审稿与技术研讨；林信恩、陈文彬、卓晗、刘行洲、张良发、林华育、郑永健、赵新丰等参与素材的拍摄，为本书的出版提供了很大的帮助。在此，谨向上述有关同志表示感谢。

由于作者水平所限，加之时间仓促，书中定有错误和不妥之处，敬请广大读者批评指正。

作者

2020 年 8 月

目录
Contents

项目一
带电更换 220kV 输电线路直线绝缘子串
（地面提升法）

主要内容

导语

业务基础
知识

作业前期
准备

现场作业
风险点分
析与控制

现场作业
程序

总结
与提升

特种兵问答时间

① 在什么情况下需要进行 220kV 输电线路直线绝缘子串带电更换？

② 你已知有哪些作业方法可以进行 220kV 输电线路直线绝缘子串带电更换作业项目？

③ 220kV 输电线路直线绝缘子串带电更换作业最关键的技术难点有哪些？

④ 在此类带电作业项目中你觉得以下工具哪些可能会被用到？

1-1 滑车组

直线取销器

链条葫芦

钢丝绳绳套

丝杆

张紧扣

⑤ 220kV 输电线路直线绝缘子串带电更换作业包括哪几个关键步骤？

⑥ 220kV 输电线路直线绝缘子串带电更换作业过程中可能遇到的作业风险有哪些？

第一节　导语

1. 带电更换绝缘子串的意义

绝缘子是架空输电线路的重要元件之一，主要承受各种导线荷载，并保持导线与杆塔绝缘，绝缘子在运行过程中常会出现绝缘老化、雷击、机械损伤等情况，需要及时更换。

2. 开展绝缘子串带电更换常用作业方法

带电更换 220kV 直线绝缘子串一般采用地电位作业法。根据吊线方式的不同，可分为高空提升法和地面提升法，如图 1-1 所示；根据吊线工具的不同，又可分为绝缘滑车组法和卡具、丝杆、拉板法，如图 1-2 所示。

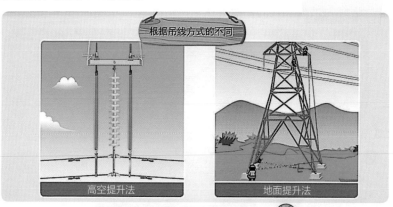

根据吊线方式的不同

高空提升法　　　地面提升法

图 1-1　高空提升法和地面提升法

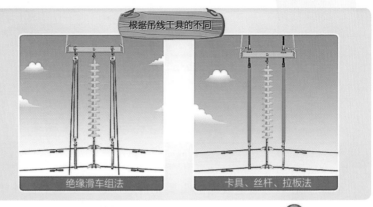

图1-2　绝缘滑车组法和卡具、丝杆、拉板法

3. 滑车组地面提升法的优势

滑车组地面提升法创造性地采用了高强度绝缘绳，将塔上地电位电工的大量操作转移到了地面，减轻了高空作业量，同时滑车组地面提升法还通用于所有结构的杆塔横担，具有操作简单方便、通用性强等特点，因此本项目内容主要介绍采用滑车组地面提升法作为吊线工具的作业方法。

学习目标

- 熟悉220kV输电线路直线绝缘子串带电更换（滑车组地面提升法）的作业流程，危险点分析与控制措施。

- 掌握220kV输电线路直线绝缘子串带电更换（滑车组地面提升法）的作业方法。

第二节 业务基础知识

一、绝缘子串结构与分类

1. 绝缘子串的结构

220kV 直线绝缘子串有单联、双联、V 形等几种结构方式，通常情况下以单联、双联绝缘子串最为常用，绝缘子串分类示意图如图 1-3 所示。

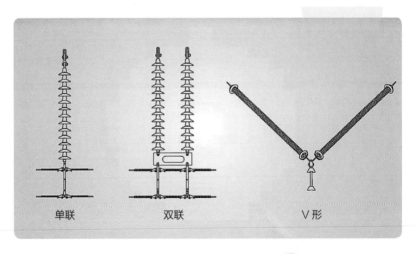

单联　　　　　双联　　　　　　　V 形

图 1-3　绝缘子串结构示意图

2. 绝缘子的分类

按材质不同，绝缘子有瓷质绝缘子、钢化玻璃绝缘子、硅橡胶复合绝缘子等几种。绝缘子分类示意图如图 1-4 所示。

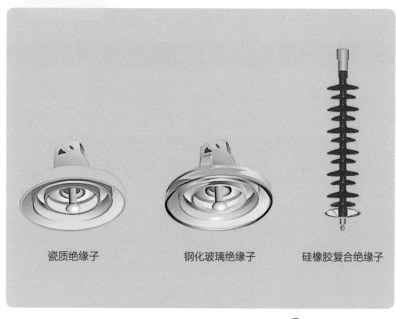

瓷质绝缘子 　　　钢化玻璃绝缘子 　　　硅橡胶复合绝缘子

图 1-4　不同材质绝缘子分类示意图

3. 绝缘子串的连接金具

绝缘子串的连接金具有挂板（UB 型、PS 型）、球头挂环、碗头挂环、联板、悬垂线夹等（220kV 瓷质单联、双联直线绝缘子串结构图见图 1-5 和图 1-6）。

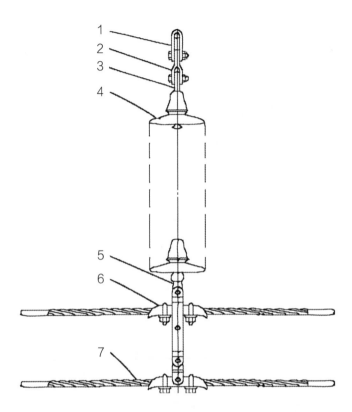

图 1-5　220kV 瓷质单联直线绝缘子串结构图

1—挂板（UB 型）；

2—挂板（PS 型）；

3—球头挂环；

4—绝缘子；

5—碗头挂环（WS 型）；

6—悬垂线夹；

7—预绞丝护线条

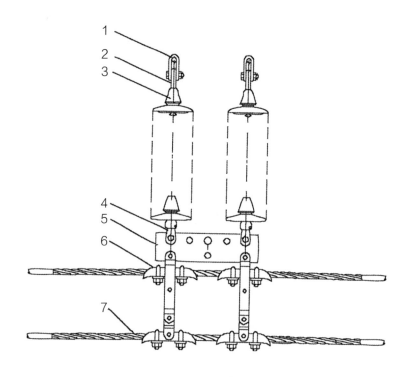

图1-6　220kV瓷质双联直线绝缘子串结构图

1—挂板（UB型）；

2—球头挂环；

3—绝缘子；

4—碗头挂环（WS型）；

5—方形联板

6—悬垂线夹；

7—预绞丝护线条

二、常用作业方法

带电作业"特种兵"要根据战斗任务选择最佳的战斗方式！

1. 高空提升作业方法

高空提升作业方法用于带电更换 220kV 直线绝缘子串，根据绝缘拉杆的物理特性的不同，又可分为硬质拉杆法和自平衡式软质拉棒法（见图 1-7）。

1 高空提升作业方法

硬质拉杆法　　　　　软质拉棒法

图 1-7　高空提升作业方法示意图

硬质拉杆法根据卡具的不同又可分为常规卡具法和侧边卡具法。

（1）常规卡具法用于带电更换 220kV 直线绝缘子串时，一般采用地电位作业方式，使用的主要工具有卡具、丝杆、绝缘拉杆、吊线钩、绝缘操作杆等（见图 1-8）。

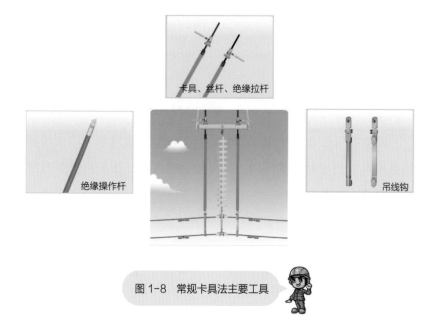

卡具、丝杆、绝缘拉杆

绝缘操作杆

吊线钩

图 1-8 常规卡具法主要工具

更换时，将卡具安装在绝缘子串挂点的横担位置，通过丝杆和绝缘拉板收紧导线，使绝缘子串松弛，如图 1-9 所示。利用绝缘操作杆拆除绝缘子串与碗头挂板的连接后进行更换，如图 1-10 所示。

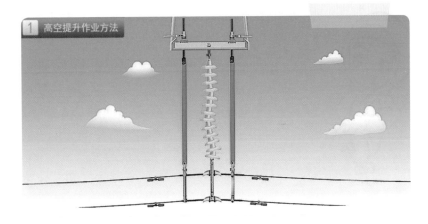

图 1-9 丝杆和绝缘拉板收紧导线

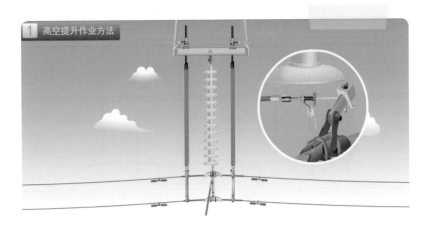

图 1-10 拆除绝缘子串与碗头挂板的连接

小贴士

优点	缺点
利用丝杆提升导线较为省力，双分裂导线受力均匀，绝缘拉杆长度可调节，并且吊线钩不受分裂导线间距影响。	不同的横担结构必须使用与其相配套的卡具，通用性较差。

（2）侧边卡具法用于带电更换 220kV 直线绝缘子串时，与常规卡具法相比，其作业方法和所需工器具等基本相同，主要差别在于横担侧卡具的不同，如图 1-11 所示。

1 高空提升作业方法

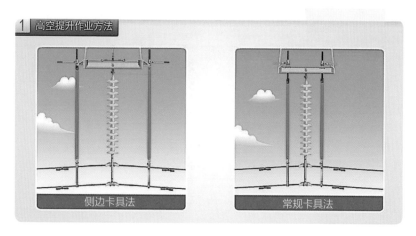

侧边卡具法   常规卡具法

图 1-11 侧边卡具法与常规卡具法对比示意图

小贴士

优点	缺点
吊线工具安装方便。	侧边卡挂点处角铁受力不合理,容易发生角铁变形。

（3）自平衡软质拉棒法用于带电更换 220kV 直线绝缘子串时,一般采用地电位作业方式,使用的主要工具有卡具、丝杆、软质绝缘拉杆、吊线钩、绝缘操作杆等,如图 1-12 所示。

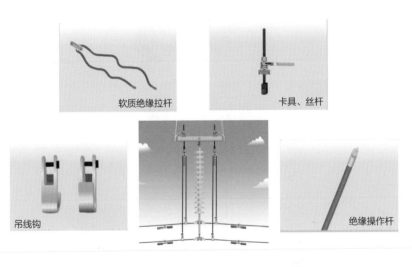

软质绝缘拉杆　　卡具、丝杆

吊线钩　　绝缘操作杆

图 1-12　自平衡软质拉棒法示意图

更换时，将卡具安装在绝缘子串挂点的横担位置，通过丝杆和软质绝缘拉杆收紧导线，使绝缘子串松弛，如图 1-13 所示。利用绝缘操作杆拆除绝缘子串与碗头挂板的连接后进行更换，如图 1-14 所示。

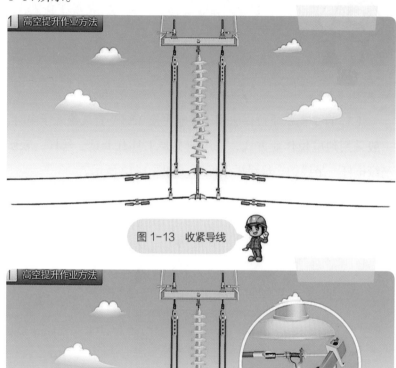

图 1-13　收紧导线

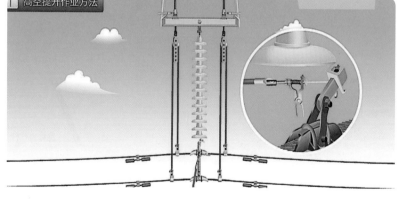

图 1-14　拆除绝缘子串与碗头挂板的连接

小贴士

优点	缺点
利用丝杆提升导线较为省力，双分裂导线受力均匀，绝缘拉杆长度可调节，并且吊线钩不受分裂导线间距影响。	不同的横担结构必须使用与其相配套的卡具，通用性较差。

2. 地面提升法

地面提升法用于带电更换 220kV 直线绝缘子串，可分为人力提升法和链条葫芦提升法，如图 1-15 所示。

地面提升法

人力提升法

链条葫芦提升法

图 1-15　地面提升法两种方式

（1）人力提升法一般采用地电位作业方式，使用的主要工具有普通绝缘绳、绝缘滑车组、绝缘操作杆等，如图 1-16 所示。利用普通绝缘绳配合绝缘滑车组，将绝缘子串所承受的荷载转移至绝缘绳和滑车组上，从而对绝缘子串进行更换。

普通绝缘绳

走二走三绝缘滑车组

绝缘操作杆

图 1-16 人力提升法示意图

小贴士

优点

通用性强，不同横担结构，不同连接方式的绝缘子串上均可适用。

缺点

若更换垂直荷载较大的绝缘子串，靠人力收紧滑车组难度较大。

（2）链条葫芦提升法，是用高强度绝缘绳配合滑车组提升导线，将绝缘子串的荷载转移到绝缘绳和滑车组上，从而对绝缘子串进行更换。一般采用地电位作业方式，使用的主要工具有高强度绝缘绳、高强度滑车组、绝缘操作杆、链条葫芦等，如图1-17所示。

高强度绝缘绳

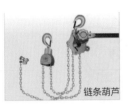
链条葫芦

绝缘操作杆

高强度滑车组

图 1-17 链条葫芦提升法工具安装图

小贴士

优点	缺点
通用性强，不同横担结构，不同连接方式的绝缘子串上均可适用。	对高强度绝缘绳的电气和机械性能要求较高。

第三节 作业前期准备

战前充分准备是带电作业"特种兵"战斗获胜的关键!

带电作业"特种兵"战前需要做如下准备工作:

| 01 流程准备 | 02 人员准备 | 03 工器具准备 | 04 材料准备 |

一、流程准备

流程准备包括现场勘察、查阅有关资料、了解气象情况、办理工作票、组织学习五个步骤。流程准备内容如图 1–18 所示。

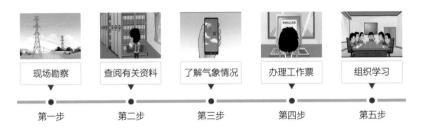

| 现场勘察 | 查阅有关资料 | 了解气象情况 | 办理工作票 | 组织学习 |
| 第一步 | 第二步 | 第三步 | 第四步 | 第五步 |

图 1-18　流程准备内容

1. 现场勘察

确认具体的作业点位置、同塔架设情况、导线排列方式、绝缘子串组装方式、交叉跨越情况、横担与导线间的净空距离、杆塔基础的作业面情况、地面提升锚固点位置、环境及其他危险点等，绘制现场示意图。初步确定作业方式，并填写《现场勘察单》，如图 1-19 所示。

现场勘察内容

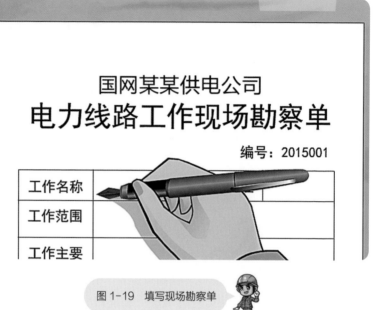

图 1-19 填写现场勘察单

2. 查阅有关资料

查阅有关图纸资料和档案资料，明确作业设备各部件的基本参数、历史缺陷和检修记录等。其内容主要有：塔（杆）型及呼称高、垂直档距、导线型号、绝缘子型号片数（瓷质绝缘子）等。

3. 了解气象情况

提前了解作业地区气象预报，确认作业当日气象条件符合带电作业要求。

查询气象预报

图 1-20　风力等级划分

4.办理工作票

办理输电线路带电作业工作票，编制安全质量控制卡（见图 1-21 和图 1-22）。

图 1-21　办理工作票

图 1-22　编写安全质量控制卡

5. 组织作业人员学习安全质量控制卡

通过召开班组学习会熟悉工作任务、作业方式、质量标准、危险点及安全措施（见图1-23）。

图 1-23　班组学习会

学习之后需要对作业人员进行必要的考核检查，确保所有人员对作业详情全面把握。

二、人员组织

工作负责人（监护人）1 名、杆（塔）上电工 2 名、地面电工 3 名。人员组织分工如图 1-24 所示。

工作负责人（监护人）1 名

- 负责整个施工过程、工艺要求、质量标准和施工安全管理。

杆（塔）上电工 2 名

- 负责安装、拆除绝缘滑车组等提升工器具；
- 负责拆除、安装绝缘子串。

地面电工 3 名

- 负责传递工器具和材料；
- 配合塔上作业人员拆除、安装绝缘子串。

图 1-24　人员组织分工

三、工器具准备

要出战了，赶快挑选一下趁手的"武器"吧！

利用地面提升法进行 220kV 输电线路直线绝缘子串带电更换作业，过程中会使用到绝缘工器具、金属工器具、个人防护装备和辅助工器具。

1. 绝缘工器具

作业过程中会使用到的绝缘工器具如图 1-25 所示。

图 1-25 绝缘工器具

单轮绝缘滑车

绝缘绳套

高强度绝缘绳套

绝缘操作杆

高强度绝缘起吊绳

导线防脱落保护绳

绝缘传递绳

2. 金属工器具

作业过程中会使用到的金属工器具如图 1-26 所示。

1-1 滑车组

垂直双吊钩

碗头扶正器

张紧扣

链条式手扳葫芦

钢丝绳绳套

地电位取消钳

图 1-26 金属工器具

3. 个人防护装备

作业过程中会使用到的个人防护装备如图 1-27 所示。

安全帽

安全带

个人后备保护绳

图 1-27　个人防护装备

4. 辅助工器具

作业过程中会使用到的辅助工器具如图1-28所示。

个人工具

风湿度仪

防水苫布

绝缘测试仪

图 1-28　辅助工器具

5. 工器具清单

作业过程中会使用到的工器具清单见表 1–1。

表 1–1 工器具清单

序号	名称	型号 / 规格	数量	单位	备注
1	1-1 滑车组	30kN	1	组	高强度
2	单轮绝缘滑车	5kN	1	只	
3	绝缘绳套	ϕ16mm	1	条	滑车组用
4	绝缘绳套	ϕ14mm	1	条	
5	绝缘起吊绳	ϕ16mm	1	条	高强度
6	绝缘传递绳	ϕ14mm	1	条	
7	导线防脱落保护绳	ϕ20mm	1	条	
8	垂直双吊钩	30kN	1	只	
9	绝缘测试仪	ST2008	1	台	
10	直线取销器		1	只	
11	地电位取销钳		1	把	
12	碗头扶正器		1	只	
13	绝缘操作杆	6m	1	副	
14	张紧扣		1	副	
15	链条葫芦	30kN	2	副	
16	钢丝绳绳套	ϕ20	2	根	配 U 形环
17	安全帽		6	顶	
18	绝缘安全带		2	条	配后备保护绳
19	个人工具		4	套	
20	风湿度仪		1	个	
21	防潮苫布	3m×3m	2	块	

四、材料准备

进行 220kV 输电线路直线绝缘子串带电更换作业时，需准备硅橡胶复合绝缘子串 1 支，如图 1–29 所示。所需材料清单见表 1–2。

表 1–2 材料清单

序号	名称	型号	数量	单位	备注
1	硅橡胶复合绝缘子串	FXBW$_4$–220/70	1	支	长度与原设备等长

图 1–29 硅橡胶复合绝缘子串

第四节
现场作业风险点分析与控制

采用地面提升法开展 220kV 输电线路直线绝缘子串带电更换作业会面临哪些常见的风险呢？

过程中可能会面临工具失效、机械伤害、高处坠落、高电压风险和恶劣天气等几种主要风险。

五种常见作业风险如图 1–30 所示，作业时必须深入分析危险触发条件并采取有效预控措施，确保安全施工。

图 1-30　五种常见作业风险

1. 危险类型一：工器具失效

作业过程中有可能会出现工器具失灵或工器具连接失效，请特别注意防范。

防范措施：

（1）作为吊线工具的滑车组、高强度绝缘绳均应经过定期机械试验合格，使用前应进行外观检查（见图1-31）。

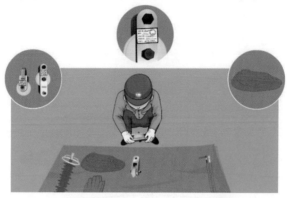

图1-31 绝缘子串外观检查

（2）采用单组吊线工具时，应使用防止导线脱落的后备保护绳（见图1-32）。

图1-32 安装导线防脱落后备保护绳

（3）更换一般档距绝缘子串，应根据垂直档距大小和导线型号大致估算绝缘子串的垂直荷载，选择相应的吊线工具（见图 1-33）；更换大跨越绝缘子串，应进行精确计算。

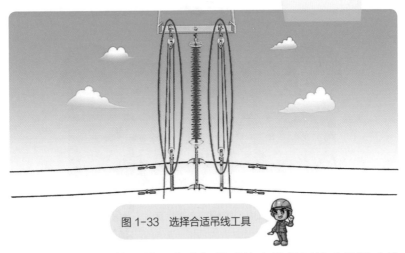

图 1-33 选择合适吊线工具

（4）滑车组使用前，应进行外观检查并保证转动灵活（见图 1-34）。

防范措施：

图 1-34 滑车组检查

2.危险类型二：机械伤害

作业过程中有可能会出现绝缘子断串或高处落物，请特别注意防范。

防范措施：

（1）进行更换作业前，应先检查绝缘子串的完好情况，特别是连接部位金具是否锈蚀严重或雷击熔化（见图1-35）。

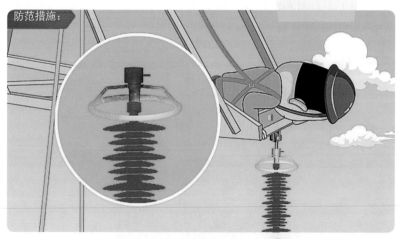

防范措施：

图1-35　检查待换绝缘子串

（2）对于新绝缘子应检查两端部的压接及整体绝缘子伞裙情况，确认完好（见图1-36）。

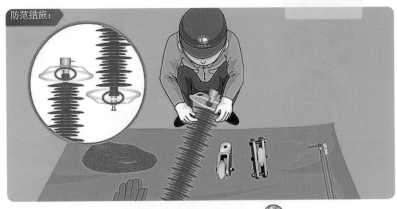

图 1-36　检查新绝缘子串

（3）工具材料应用绝缘绳索传递，小件物品应装袋，作业点正下方禁止人员逗留（见图1-37）。

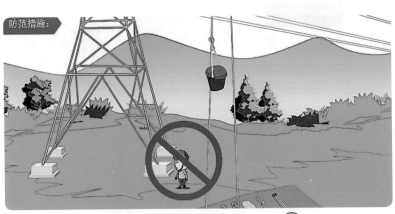

图 1-37　作业点下方禁止人员逗留

（4）传递绝缘子串前，应检查各连接部位金具是否完好；传递吊线工具时应将各部位连接螺栓拧紧并检查连接情况（见图 1-38）。

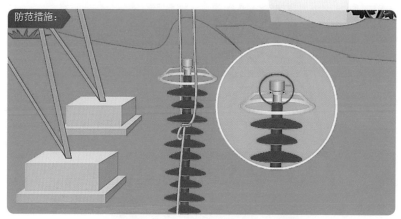

图 1-38　绝缘子串金具连接检查

3. 危险类型三：高处坠落

作业登高及移位过程中发生高处坠落，或作业过程中发生高处坠落，请特别注意防范。

防范措施：

（1）攀登杆塔时，注意爬梯或脚钉是否牢固、可靠（见图1-39）。

图1-39 检查杆塔脚钉

（2）杆上转移作业位置时，不得失去安全带保护（见图1-40）。

图1-40 安全带全程保护

（3）安全带应系在牢固的构件上，检查扣环是否扣牢（见图1-41），安全带、后备保护绳应分别系挂在不同的牢固构件上。

防范措施：

图1-41 检查扣环是否扣牢

无数事例证明，安全带是"救命带"。可是有少数人觉得系安全带麻烦，上下行走不方便，特别是一些"小活""临时活"。殊不知，事故发生就在一瞬间，所以高处作业必须按规定要求系好安全带。

4.危险类型四：高电压风险

作业过程中有可能会发生工具绝缘失效、空气间隙击穿或绝缘子串闪络，请特别注意防范。

（1）绝缘工具应定期试验合格，工器具应具有试验合格标签（见图 1-42）。

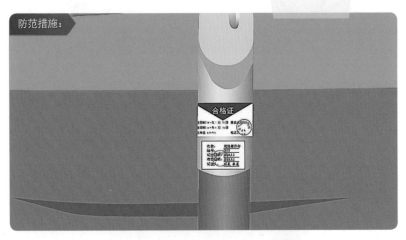

图 1-42　工器具试验合格标签

（2）绝缘工具运输过程中，应妥善保管，避免受潮（见图 1-43）。

图 1-43 妥善保管工器具

（3）使用绝缘工具时，操作人员应戴防汗手套（见图 1-44）。

图 1-44 佩戴防汗手套

（4）作业过程中，绝缘绳的有效长度应保持在 1.8m 及以上（见图 1-45）；绝缘操作杆的有效长度应保持在 2.1m 及以上（见图 1-46）。

图 1-45　绝缘绳有效长度

图 1-46　绝缘操作杆有效长度

（5）现场使用绝缘工具前，应用绝缘测试仪器检查其绝缘阻值不小于700MΩ（见图1-47）。

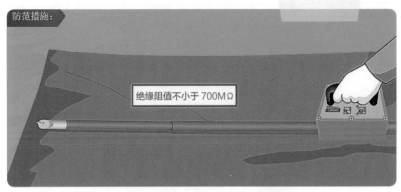

图1-47 绝缘操作杆检测

（6）作业前，应确认空气间隙满足安全距离的要求（见图1-48）；对于无法确认的，应现场实测确认后，方可进行作业。

图1-48 确认空气间隙距离

（7）必须保证专人监护，监护人在作业人员进入横担靠近带电体之前，应事先提醒（见图1-49）。

防范措施：

图1-49　现场专人监护

（8）收紧滑车组时，地面人员应在工作负责人的指挥下，缓慢、匀速收紧链条葫芦，不得擅自收紧链条葫芦，以防造成安全距离不足（见图1-50）。

安全距离不足

图1-50　安全距离不足

（9）瓷质绝缘子更换作业前，应先用火花间隙法检测绝缘子（见图 1-51）。

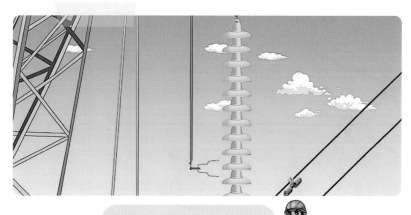

图 1-51　火花间隙法检测绝缘子

（10）更换过程中，扣除零值及被金属工具短接的绝缘子，完好绝缘子片数不得少于 9 片（见图 1-52）。

图 1-52　完好绝缘子片数不得少于 9 片

（11）更换作业过程中，须在绝缘子串与导线脱离连接后，地电位人员方可用手操作第一片绝缘子（见图 1-53）；直接用手操作绝缘子时不得超过第二片绝缘子（见图 1-54）。

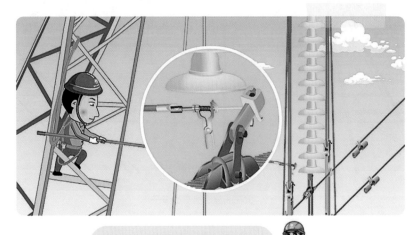

图 1-53　绝缘子串与导线脱离连接

图 1-54　不得超过第二片绝缘子

5. 危险类型五：恶劣天气

作业过程中有可能会气象条件不满足要求或天气突变，请特别注意防范。

防范措施：

（1）带电作业应在良好的天气下进行，雷、雨、雪、雾天不得进行带电作业（见图 1-55）；风力大于 5 级、相对湿度大于 80% 时，一般不宜进行带电作业。

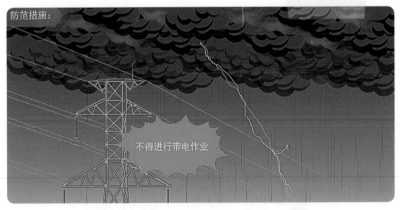

防范措施：

不得进行带电作业

图 1-55　恶劣天气不得进行带电作业

小知识

为什么带电作业要特别关注气候条件？

- 高温、严寒或者风力超过5级的天气，极易影响作业者的工作情绪，导致作业者疲劳；

- 雨天、雾天、空气温度超过80%的天气则会严重影响空气间隙和绝缘工具的绝缘性能，特别是软质绝缘工具的绝缘性能，严重时会导致电气性能的破坏，同时引起绝缘工具机械性能的下降，从而影响作业的安全。

（2）作业前，应事先了解天气情况，在作业现场工作负责人应时刻注意天气变化，特别是夏季的雷雨；作业过程中，发生天气突变时，应在保证人员安全的前提下，拆除工具尽快撤离（见图1-56和图1-57）。

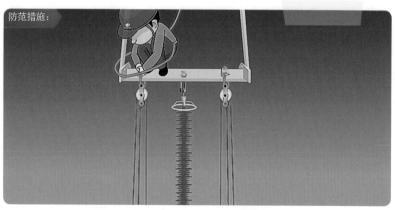

防范措施：

图1-56 拆除工具

图 1-57 撤离现场

第五节 现场作业程序

现场作业程序包括履行许可手续、现场开工准备、现场作业过程、工作终结手续、资料整理归档 5 个主要阶段，如图 1-58 所示。

履行许可手续　　现场开工准备　　现场作业过程　　工作终结手续　　资料整理归档

核对杆塔编号、位置		施工验收
现场气象条件判定		工器具、材料整理
召开班前会		召开班后会
设备及工器具现场检查		履行终结手续
穿戴、检查防护装备		

图 1-58　现场作业程序

一、履行许可手续

工作负责人联系调度值班员，履行许可手续（见图 1-59）。

图 1-59 履行开工许可手续

带电作业"特种兵"郑重提醒：作业前必须履行许可手续！

二、现场开工准备

（1）全体作业人员到达作业现场（见图 1-60），摆放好工器具及材料（见图 1-61）。

图 1-60 到达现场

图 1-61 摆放好工器具

"特种兵"终于迈入战场了，赶快发挥你的战斗力吧！

（2）开工前，工作负责人核对工作票中线路名称及杆塔号是否一致（见图1-62和图1-63）。

图1-62 核对工作票

图1-63 核对线路名称及杆塔号

进入错误的战场很尴尬也很危险！

（3）工作负责人查看现场气象条件（见图1-64）。

扫一扫 看一看

图1-64 查看现场气象条件

还记得哪些气候条件
不宜开工吗？

（4）工作负责人组织全体工作人员现场列队，宣读工作票、交代工作内容、告知危险点及现场安全措施，进行人员分工和技术交底（见图 1-65），并履行确认手续（见图 1-66）。

图 1-65 召开班前会

图 1-66 履行确认手续

带电作业"特种兵"每个规定动作都做到位，绝不走过场！

（5）进行杆塔外观检查，确认塔身、基础、脚钉外观无异常（见图 1-67）。

扫一扫　看一看

图 1-67　杆塔外观检查

（6）作业现场铺设防水苫布，然后将工具摆放整齐（见图 1-68 和图 1-69）。

图 1-68　铺设防水苫布

图 1-69　工具摆放整齐

（7）检查复合绝缘子外观是否完好，压接部位是否出现脱胶、裂缝、滑移现象，镀锌层是否出现起皮、分层、开裂或掉锌等现象，硅橡胶是否有破损、起泡或粉化等现象（见图 1-70 和图 1-71）。

图 1-70　检查镀锌层

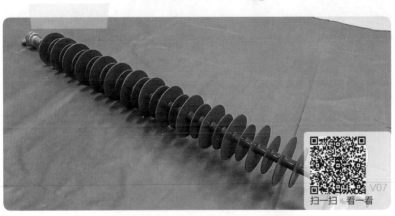

扫一扫　看一看

图 1-71　检查复合绝缘子外观

"特种兵"在出战之前都会擦亮自己的武器、仔细检查自己的弹药的。

（8）检查防脱落保护绳、绝缘滑车等工器具外观是否完好（见图1-72），金属部分有无锈蚀；清洁绝缘操作杆表面（见图1-73）；并用绝缘测试仪对绝缘操作杆、绝缘传递绳、绝缘起吊绳等绝缘工具进行绝缘检测（见图1-74和图1-75）。

图1-72　检查防脱落保护绳

图 1-73 清洁绝缘操作杆

图 1-74 绝缘操作杆绝缘检测

扫一扫 看一看

图 1-75 绝缘传递绳绝缘检测

（9）地面电工相互配合，组装高强度滑车组，使之处于待用状态（见图 1-76）。

图 1-76 组装高强度滑车组

特别应注意，上、下两滑车之间间距，应大于绝缘子串长度 300mm 左右（见图 1-77）。

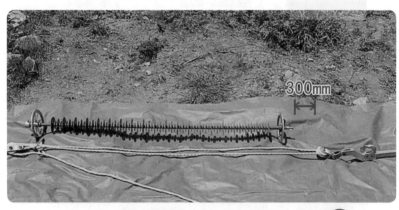

图 1-77 组装高强度滑车组注意上、下两滑车之间间距

（10）将链条葫芦的链条松出，松出长度大约为链条葫芦总行程的三分之二（见图1-78）。

图1-78 松出链条葫芦的链条

（11）塔上1号、2号电工分别冲击检查安全带、后备保护绳（见图1-79和图1-80）。

图1-79 冲击检查安全带

扫一扫 看一看

图 1-80 冲击检查后备保护绳

三、现场作业过程

采用滑车组地面提升法进行 220kV 输电线路直线绝缘子串带电更换现场作业过程大致可分成以下 5 个关键阶段：登塔到达工作位置，吊线装置、导线防脱落后备保护装置安装及导线起吊，旧绝缘子串拆除传递，新绝缘子串传递安装，吊线装置拆除下塔。作业过程如图 1-81 所示。

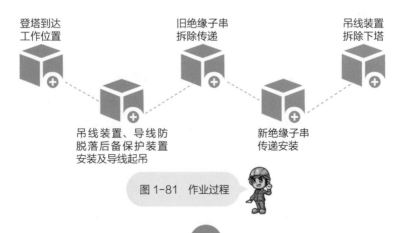

登塔到达
工作位置

旧绝缘子串
拆除传递

吊线装置
拆除下塔

吊线装置、导线防
脱落后备保护装置
安装及导线起吊

新绝缘子串
传递安装

图 1-81 作业过程

带电作业"特种兵"要准确把握每个阶段的目的和注意事项。

1. 登塔到达工作位置

（1）经工作负责人同意后，1 号电工携带传递绳，与 2 号电工依次登塔（见图 1–82）。

图 1–82　依次登塔

老兵郑重提醒：
正式的战斗已经开始了！

（2）1号电工登塔至作业横担位置，绑好安全带及后备保护绳（见图1-83）；2号电工登塔至导线水平位置，绑好安全带及后备保护绳（见图1-84）。

图1-83　1号电工绑好安全带及后备保护绳

图 1-84　挂好滑车及传递绳

（3）挂好滑车及传递绳（见图 1-85）。

来自老兵的提醒

挂滑车时，应注意滑车挂点位置选择，既要方便工具的传递和取用，又要使工具的传递路线与操作相的导线，保持足够的安全距离，谁都不想刚"拔枪"的时候一不小心就先伤了自己吧！

图 1-85　2 号电工绑好安全带及后备保护绳

2. 吊线装置、导线防脱落后备保护装置安装及导线起吊

（1）地面电工将组装好的滑车组、绝缘操作杆按照操作顺序逐件传递至杆上，1 号电工将滑车组挂在待换绝缘子串悬挂点附近（见图 1-86）。

扫一扫　看一看

图 1-86　将滑车组、绝缘操作杆传递至杆上

（2）地面电工将链条葫芦安装在待更换绝缘子串下方的塔腿上（见图 1-87）。

图 1-87　链条葫芦安装

特种兵在战场上随时都会考虑最便捷安全的路线，所以链条葫芦应安装在与吊线钩同一侧的塔腿上。

（3）2号电工在绝缘子串碗头挂板的水平位置持绝缘操作杆与1号电工配合（见图1-88），用连接在滑车上的吊线钩钩住导线（见图1-89），地面电工稍稍拉紧绝缘起吊绳，使滑车组受力（见图1-90）。

图1-88 1号、2号电工配合操作

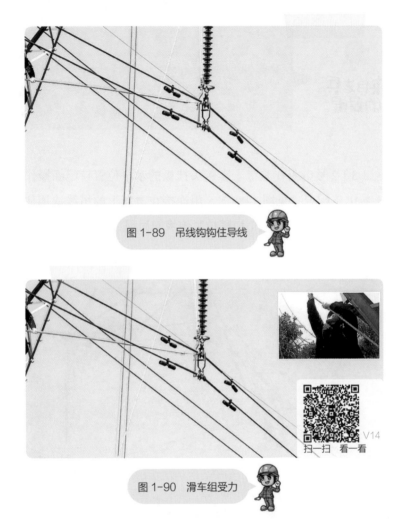

图 1-89 吊线钩钩住导线

扫一扫 看一看

V14

图 1-90 滑车组受力

（4）地面电工将张紧扣安装在高强度绝缘起吊绳上，安装位置可根据需要，进行自由调节，张紧扣安装完毕后，将链条葫芦的挂钩钩在张紧扣上，并确认挂钩封口已自动封闭（见图 1-91）。同时稍稍收紧链条葫芦，保证滑车组处于稍稍受力状态。相关操作见图 1-92 至图 1-94。

图 1-91　张紧扣与链条葫芦连接

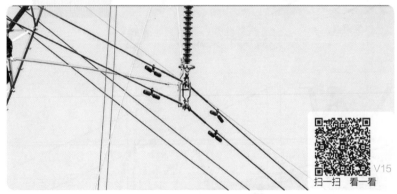

扫一扫　看一看 V15

图 1-92　导线起吊

来自老兵的提醒

安装滑车组时，应将绝缘绳理顺，避免因绳索扭绞、缠绕增加起吊时的摩擦力；同时，还要注意吊线钩与悬垂线夹保持适当的距离，以免阻碍2号电工取销和装、脱碗头。战场上一定要考虑与战友的协同配合。

图 1-93　理顺绝缘绳

图 1-94　吊线钩和悬垂线夹保持距离

（5）2号电工手持绝缘操作杆，与1号电工配合安装防脱落保护绳，防止导线脱落（见图1-95）。

图1-95 安装防脱落保护绳

来自老兵的提醒

安装防护装备只有在正确使用时才会起作用，所以安装防脱落保护绳时，应注意保护绳适度收紧并固定牢靠。所有承力工具全部安装完毕后，应检查各连接部分，确认连接牢靠。

3. 旧绝缘子串拆除传递

（1）地面电工稍稍收紧绝缘滑车组，使之受力，以碗头挂板内的绝缘子球头不卡住弹簧销为宜（见图1-96）。

图 1-96 收紧绝缘滑车组

来自老兵的提醒

取销器操作杆在垂直方向应与绝缘子串垂直、在水平方向应与导线垂直；取销器钳口伸入碗头口时，应与导线呈平行状，并保证完全夹紧销体，夹紧弹簧销后应水平向外平移，确保弹簧销不掉落。

（2）地面电工继续收紧滑车组（见图 1-97），缓缓提升导线使绝缘子串松弛；1 号、2 号电工再次冲击检查承力工具连接可靠无异常后，2 号电工用绝缘操作杆上的碗头扶正器脱开绝缘子串与导线侧碗头挂板的连接（见图 1-98）。

图 1-97 收紧滑车组

扫一扫 看一看

图 1-98 脱开导线侧碗头挂板的连接

来自老兵的提醒

时刻记住，战场上需要团队作战。地面电工收紧绝缘滑车组时，应用力均匀，并缓缓提升导线。防止导线提升过快，造成导线对横担安全距离不足或绝缘子串压住碗头挂板，使2号电工难以将其脱开。

（3）2号电工指挥地面电工缓缓松出滑车组的绝缘绳，将导线下降 200 ~ 300mm（见图 1-99）。

200 ~ 300mm

图 1-99　导线下降

（4）1号电工将传递滑车移至绝缘子串挂点附近，将绝缘绳绑在待更换绝缘子串上（见图 1-100）。地面电工稍稍收紧绝缘传递绳后，1号电工取出横担侧绝缘子碗头内的弹簧销（见图 1-101）。

图 1-100　绑绝缘绳

图 1-101 取出弹簧销

（5）地面电工继续收紧绝缘传递绳，1号电工脱开绝缘子与球头挂环的连接（见图 1-102）。

扫一扫 看一看 V18

图 1-102 脱开绝缘子与球头挂环的连接

4. 新绝缘子串传递安装

（1）1号、2号电工与地面电工配合，利用绝缘传递绳将旧绝缘子串传递至地面，将新绝缘子串传递至绝缘子串挂点位置（见图 1-103），1号电工恢复横担侧绝缘子与球头挂环的连接（见图 1-104），并安装好弹簧销。

图 1-103　新绝缘子传递上塔

扫一扫　看一看

图 1-104　恢复横担侧绝缘子与球头挂环的连接

（2）2 号电工指挥地面电工缓缓提升导线至合适位置，利用绝缘操作杆上的碗头扶正器，恢复绝缘子串与导线侧碗头挂板的连接（见图 1-105），并安装好导线侧碗头挂板内的弹簧销（见图 1-106）。

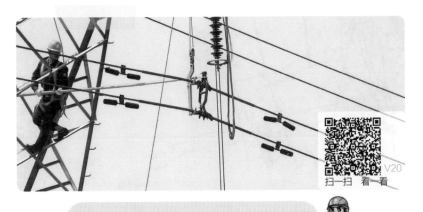

图 1-105　恢复绝缘子串与导线侧碗头挂板的连接

图 1-106　安装导线侧碗头挂板内的弹簧销

5. 吊线装置拆除下塔

　　1 号、2 号电工冲击检查绝缘子串各部位连接情况（见图 1-107），确认安全可靠后，拆除滑车组、防脱落保护绳并传递至地面（见图 1-108）；检查塔上无遗留工具后，携带绝缘滑车及绝缘传递绳下塔（见图 1-109）。

图 1-107　冲击检查连接情况

图 1-108　拆除滑车组、防脱落保护绳

扫一扫　看一看

图 1-109　下塔

四、工作终结手续

（1）作业结束后，工作负责人依据施工验收规范，对绝缘子安装工艺、质量进行检查，并确认塔上无遗留物（见图1-110）。

图 1-110 竣工验收

（2）地面电工整理工具、材料并摆放整齐（见图1-111）。

图 1-111 整理工具

（3）工作负责人召集全体工作班成员，召开班后会（见图 1–112）。

图 1–112　召开班后会

（4）工作负责人与值班调度员联系，办理工作终结手续（见图 1–113）。

扫一扫　看一看

图 1–113　办理终结手续

五、资料整理归档

完成工作票归档、录音上传等相关流程（见图 1-114）。

图 1-114　归档处理

恭喜你，优秀的"特种兵"，出色完成了一次作战任务！

第六节 总结与提升

一、内容总结

本章节讲述了 220kV 输电线路直线绝缘子串带电更换（地面提升法）的作业流程、操作方法、质量要求，以及作业过程存在的危险点和预控措施。

二、知识点回顾

1. 作业方法（见图 1-115）

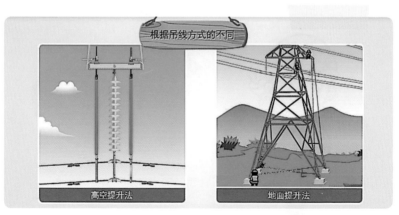

根据吊线方式的不同

高空提升法　　　地面提升法

图 1-115　高空提升法和地面提升法

2. 作业流程准备（见图 1-116）

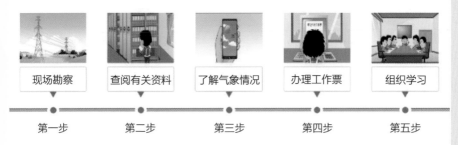

现场勘察	查阅有关资料	了解气象情况	办理工作票	组织学习
第一步	第二步	第三步	第四步	第五步

图 1-116　作业流程准备

3. 现场作业风险点分析与控制（见图 1-117）

图 1-117　现场作业风险点分析与控制

85

4. 现场作业流程（见图 1-118）

履行许可手续

现场开工准备

现场作业过程

工作终结手续

资料整理归档

图 1-118　现场作业流程

三、拓展再应用

- 地面提升法还可以应用在其他哪些作业项目中？
- 项目中使用的工器具可以扩展应用到哪些场景？
- 地面提升法可以做哪些优化改善？

四、考一考

1. 地面提升法有什么样的优点和缺点?

2. 本作业项目里面有哪些特殊的工器具?

3. 本作业项目的主要风险有哪些? 如何进行预控?

4. 简单列出从开始登塔到回到地面具体操作步骤。